QUESTIONS AND ANSWERS FOR SOLID WASTE POLLUTION PREVENTION

固体废物污染防治问答

环境保护部宣传教育中心　编著

中国环境出版集团・北京

图书在版编目（CIP）数据

固体废物污染防治问答/环境保护部宣传教育中心 编著. -- 北京 ：中国环境出版集团，2016.4（2019.10重印）

ISBN 978-7-5111-2833-1

Ⅰ. ①固… Ⅱ. ①环… Ⅲ. ①固体废物污染－污染防治－问题解答 Ⅳ. ①X5-44

中国版本图书馆CIP数据核字(2016)第119776号

出 版 人 武德凯
责任编辑 易 萌
责任校对 尹 芳
装帧设计 彭 杉

出版发行 中国环境出版集团
（100062 北京市东城区广渠门内大街 16 号）
网　　址：http://www.cesp.com.cn
电子邮箱：bjgl@cesp.com.cn
联系电话：010-67112765（编辑管理部）
010-67112739（第三分社）
发行热线：010-67125803,010-67113405（传真）

印　　刷 北京中科印刷有限公司
经　　销 各地新华书店
版　　次 2016 年 4 月第 1 版
印　　次 2019 年 10 月第 5 次印刷
开　　本 880×1230 1/32
印　　张 3.125
字　　数 65 千字
定　　价 25.00 元

中国环境出版集团郑重承诺：

中国环境出版集团合作的印刷单位、材料单位均具有中国环境标志产品认证；中国环境出版集团所有图书“禁塑”。

编委会

主　编　贾　峰

副主编　何家振　耿世刚　杨　俊　牛玲娟　付　军

编　委　张雅京　陆　阳　颜莹莹　孟　蝶　郑　妍
李铮男　齐海云　全玉莲　曹东杰　王红芬
赵美微　郑艳芬

前　言

固体废物，是指在生产、生活和其他活动中产生的丧失原有利用价值或者虽未丧失利用价值但被抛弃或者放弃的固态、半固态和置于容器中的气态的物品、物质以及法律、行政法规规定纳入固体废物管理的物品、物质。固体废物利用或处置不当，会对水体、大气和土壤造成严重污染。近年来，我国固体废物非法转移和抛弃事件增多，如2011年云南曲靖非法倾倒铬渣事件导致珠江支流南盘江严重污染。固体废物非法处置严重威胁、危害人民群众的身心健康，固体废物污染防治是环境保护工作的重要组成部分。

目前公众对固体废物污染带来的危害以及固体废物污染防治工作的重要性认识还不足，基于此，我们编写了《固体废物污染防治问答》一书，期待它能够增加公众对于固体废物污染防治的基础知识，提升公众对固体废物污染的广泛关注，培养公众固体废物污染防治的自觉性，进一步提高公众的环境保护意识。

本书语言通俗易懂，形式活泼，图文并茂。编写内容包括固体废物基本知识，危险废物污染防治，电子废物等产品类固体废物污染防治，进口固体废物及危险废物出口污染防治，生活垃圾、餐厨垃圾及污泥污染防治，大宗工业固体废物及灾后固体废物污染防治，被污染场地的污染防治共计七个部分，涵盖了固体废物的基本知识和常用分类，及固体废物的最新关注领域。

本书编写过程中，得到了环境保护部领导的大力支持，编写委员会全体成员在此表示衷心的感谢。

由于编者水平所限，书中难免存在不足或有争议之处，恳请读者批评指正。

《固体废物污染防治问答》编写委员会

2016年1月

目　录

五、生活垃圾、餐厨垃圾及污泥污染防治 /55

六、大宗工业固体废物及灾后固体废物污染防治 /65

七、被污染场地的污染防治 /69

附录：固体废物污染防治相关政策法规目录 /76

中的气态的物品、物质，比如城市污水处理厂产生的污泥，游泳池废弃的氯气瓶等。

应该注意的是，《固体法》的适用范围不包括放射性固体废物污染环境的防治。也就是说，适用《固体法》的先决条件即物品、物质被鉴别为固体废物。而固体废物的鉴别，是一个专业性较强的工作，需要考虑到物质是否有意生产，物质的使用是否环境无害，使用前是否需要进一步加工等多种因素。为此，2006 年，原国家环境保护总局、国家发展和改革委员会、商务部、海关总署、国家质量监督检验检疫总局联合发布《固体废物鉴别导则》（试行），用于《固体法》所定义的固体废物和非固体废物的鉴别。

2. 有价值是不是就不属于固体废物？

某些仍然具有价值的物品，如果被抛弃或者放弃，也属于固体废物。比如办公产生的废纸，本身具有价值，可以用于生产再生纸，节约大量造纸木材的同时，还可以减少木材造纸工艺中的一系列污染。但是如果这些废纸没有被分类回收，而是弃置于办公废物中，虽然

具有价值但也是固体废物。判断一种物品是不是属于固体废物，不是根据这种物品是不是还具有价值，而是应该根据《固体法》和《固体废物鉴别导则》（试行）来进行判断。

3. 固体废物与副产品有什么区别？

固体废物不是产品，是废弃物，为了保护环境不受污染，固体废物一般需要进行无害化处置。而副产品是在生产主要产品的过程中附带生产出的非主要产品，有使用价值和销售价格，可以作为商品在流通领域里进行商品交换。

但是，因为副产品不是根据市场需求有意组织生产的，一旦下游无市场需求时，必然是弃而不用，成为固体废物。比如多晶硅生产产生的四氯化硅，本身可以作为副产品供下游企业作为原料利用，却由于下游市场饱和等原因成为固体废物。四氯化硅遇水生成具有强腐蚀性的盐酸，环境风险极大。

4. 固体废物一定是放错地方的资源吗？

固体废物具有双重性。本质属性是污染性，其次才是资源性。否则，如果反过来，资源性是固体废物的本质属性，那固体废物的产生量就越多越好，那么让人类恐慌的“垃圾围城”即为“资源围城”，我们又有何担心的呢。

实际上，固体废物只有在一定的技术和市场条件下，才可以转换为资源。比如粉煤灰，在我国东部地区，由于建材市场需求量大，因此，具有较高的资源属性；但在我国西部地区，粉煤灰产生量大，建材市场需求相对较小，因此，依然是大量堆放，成为污染源。

所以说，固体废物不一定是资源，它首先是废物，在一定的条件下才是放错地方的资源。

5. 固体废物作为再生资源与原生资源有区别吗？

有区别。一方面，多数固体废物，比如废纸、废塑料、废橡胶等，作为再生资源，与原生资源相比，其资源品质降低，生产的产品比原生资源产品要差。并且，固体废物作为再生资

源使用的过程中，相比于原生资源，在固体废物的产生数量、资源化技术、收集和利用成本等方面，都有诸多限制。这些都为固体废物作为再生资源综合利用增加了难度。

另外，由于固体废物产生量的限制，再生资源利用往往是在人口密集的地区，这样固体废物产生量大，固体废物作为再生资源综合利用容易实现规模化，但也正因为如此，一旦产生污染，往往比原生资源利用对人的影响更大。

6. 固体废物综合利用一定能实现规模化吗？

不一定。固体废物需要在一定的技术经济条件下实现规模化综合利用。如用废钢铁冶炼新的钢铁产品、废纸造纸等，已经具备成熟的技术和设备条件，又可以较大幅度地减少对原生

8. 如何防治固体废物污染？

固体废物污染防治应遵循“减量化”“资源化”“无害化”原则。首先是预防和减量化，控制其产生量。其次是鼓励对仍具有使用价值的产品、部件等进行再使用、维修、翻新、再制造等。再次是开展资源再生利用，从固体废物中获取资源和能源。最后，实在不能利用的则经过适当的处理措施后，采取焚烧、填地或投海等方式进行无害化处置。例如：废弃农药包装物（如塑料容器）、属于医疗废物的废塑料，考虑其社会风险，不宜进行物质再生（如塑料造粒），一般是以焚烧方式进行无害化处置。

需要注意的是，预防减量、再使用、再生利用及最终处理

处置等过程，都应当满足固体废物环境无害化管理和其他规定的要求。

9. 我国的固体废物管理有哪些政策法规？

我国的固体废物管理法规体系由《固体法》及其配套实施政策法规和管理制度组成。《固体法》建立了固体废物环境管理的基本框架，与之配套的政策法规和管理制度则规定了更详细的可操作性的要求。

针对固体废物管理，我国制定了法律、法规、部门规章、地方法规和环境技术标准等一系列法律规范。包括国务院制定的法规、国务院部门单独或共同制定的部门规章、国务院有关

部门宏观指导性意见和规划、国务院部门制定的规范性文件、国家和行业标准及技术规范、指南性文件、导向性技术政策和经济政策以及地方性法规（详见附录）。

10. 国家关于固体废物污染防治信息公开有什么规定？

为贯彻落实《固体法》关于“大、中城市人民政府环境保护行政主管部门应当定期发布固体废物的种类、产生量、处置状况等信息”的规定，规范并指导信息发布，2006 年，国家环保总局制定并发布了《大中城市固体废物污染环境防治信息发布导则》，明确规定了信息发布的基本原则、适用范围、信息发布形式及内容。其中要求各大中城市应当于每年 6 月 5 日前发布上一年度本市固体废物污染环境防治信息，信息发布遵循真实、准确、公开、合法的基本原则，由信息发布机构法定代表人签署后，以公告的形式，在当地综合性报纸、电视台、政府网站、专业环境媒体或其他媒体上发布。尚不具备条件专门发布固体废物污染环境防治信息的城市，应当在年度环境状况公报中设立专门章节，发布有关固体废物污染环境防治的信息。2011—2012 年，我国共有 260 多个大中城市实现了固体废物污染防治信息公开。

二、危险废物污染防治

11. 什么是危险废物？

危险废物是指列入国家危险废物名录或者根据国家规定的危险废物鉴别标准和鉴别方法认定的具有危险特性的固体废物。危险废物的危险特性主要有腐蚀性、毒性、易燃性、反应性和感染性等。

收集、贮存、运输、利用、处置危险废物的单位，应当制定意外事故的防范措施和应急预案，并向所在地县级以上地方人民政府环境保护行政主管部门备案；环境保护行政主管部门应当进行检查。危险废物经营单位应急预案的制定应参照《危险废物经营单位编制应急预案指南》执行，按照预案要求每年组织应急演练，并记录演练情况，参与演练人员应当签字。

14. 为什么危险废物经营单位要定期向环保部门报告经营情况？

为了加强环保部门对危险废物经营单位的监督管理，防治危险废物污染环境，《危险废物经营许可证管理办法》规定，县级以上人民政府环境保护主管部门有权要求危险废物经营单位定期报告危险废物经营活动情况，危险废物经营单位应当建立危险废物经营情况记录簿，如实记载收集、贮存、处置危险废物的类别、来源、去向和有无事故等事项。危险废物经营单位的记录和经营活动的报告，应参照《危险废物经营单位记录和报告经营情况指南》执行。

危险废物经营单位应按环保部门的要求，定期按季度或年度报告危险废物经营活动情况。报告内容包括危险废物经营单位的基本情况，经营情况总结，所接收危险废物利用处置情况，新产生危险废物利用处置情况，存在的问题及改进措施等。所有书面报告，均应由危险废物经营单位法定代表人签字，并加盖公章。

15. 发生突发危险废物污染事件应当如何处置？

企业应当建立突发环境事件的应急预案。《固体法》规定，因发生事故或者其他突发性事件，造成危险废物严重污染环境的单位，必须立即采取措施消除或者减轻对环境的污染危害，及时通报可能受到污染危害的单位和居民，并向所在地县级以上地方人民政府环境保护行政主管部门和有关部门报告，接受调查处理。《危险废物经营单位记录和报告经营情况指南》要求，危险废物经营单位一般应当在发生事故后立即以电话或其他形式报告，并在15天内以书面方式报告。事故处理完毕后应及时书面报告处理结果。

16. 日常生活中会产生哪些危险废物？应当怎么管理？

日常生活中产生的危险废物主要有：废药品及其包装物、废杀虫剂和消毒剂及其包装物、废油漆和溶剂及其包装物、废矿物油及其包装物、废胶片及废相纸、废荧光灯管、废温度计、废血压计、废镍镉电池、电子类危险废物等。在我国现有经济技术条件和管理体制下，对日常生活中产生的量小分散的危险废物难以进行有效管理，这些特定的废物如果进入生活垃圾，可以不按照危险废物进行管理。这也是国际通行的管理方式。

17. 我国危险废物污染防治的目标是什么？

危险废物污染防治工作是我国环境保护的重点领域，为显著降低危险废物带来的环境风险，我国危险废物污染防治的目标是，到 2015 年，危险废物规范化管理水平大幅提高，其中要求全国危险废物产生单位的危险废物规范化管理抽查合格率达到 90% 以上，危险废物经营单位的危险废物规范化管理抽查合格率达到 95% 以上；在危险废物利用处置方面，要完成铬渣污染综合整治任务，持证单位危险废物（不含铬渣）年利用处置量比 2010 年增加 75% 以上，市级以上重点危险废物产生单位自行利用处置危险废物基本实现无害化，设市城市（包括县级市、地级市和直辖市）医疗废物基本实现无害化处置。

18. 国家如何考核地方政府危险废物污染防治工作？

为督促地方政府和有关部门落实危险废物管理责任，加强危险废物的污染防治，环境保护部组织各环境保护督查中心对各省（区、市）危险废物规范化管理开展督查考核，具体实施主要由各省（区、市）环境保护行政主管部门负责对辖区内各地、市危险废物规范化管理工作进行督查考核。

各地区将危险废物规范化管理抽查合格率和医疗废物集中处置设施建设情况纳入地方政府环境保护绩效考核指标体系中，并对危险废物规范化管理抽查合格率低于60%的地区，进行通报批评，同时暂停对该地区有关环境保护的评比创建活动。与此同时，环保部门针对各项涉及环境的规划任务实施情况进行监督和检查，定期公布规划任务进度和完成情况，接受社会监督。

19. 为什么鼓励使用水泥回转窑等工业窑炉协同处置危险废物？

使用水泥回转窑处置危险废物具有以下优点：一是焚烧温度高，状态稳定，危险废物中含有的氯、硫、氟等化学成分在高温处理中被完全吸收，转化成无毒的氯化钙、硫酸钙、氟化钙等，变成水泥的原料；二是水泥回转窑密闭性好且运转时处于负压状态，有害气体和粉尘不容易溢出；三是废物在燃烧时产生一定的热量又节约了燃煤原料，节省了生产成本。我国是水泥生产大国，利用水泥窑协同处置危险废物，具有巨大潜力。欧美发达国家利用水泥窑协同处置危险废物已有30多年的历史。同时，国家鼓励使用水泥回转窑等工业窑炉协同处置危险废物。

20. 为什么要积极发展危险废物分类收集、分类贮存和预处理服务行业？

我国当前不少工业园区、经济开发区的特点是企业多，单个企业危险废物产生量少。对危险废物产生单位而言，单独建设危险废物贮存设施，设专人管理，贮存、管理成本太高；对危险废物处置单位而言，单独收运的成本太高。同时，我国鼓励在危险废物产生单位多，但各单位危险废物产生量少的工业园区或地区，积极稳妥发展分类收集、分类贮存和预处理服务行业。在工业园区、经济开发区内建设危险废物集中收集、贮存中心，作为危险废物产生单位与处置单位的中转中心，对危险废物零散收集、集中管理，可减少危险废物产生企业的贮存、管理成本和处置单位的收运成本，降低危险废物非法转移倾倒和违规处置的风险。

北京市经济技术开发区开展了危险废物集中收集贮存试点工作，取得了良好的效果，基本实现了工业开发区危险废物无缝管理。其服务模式主要有以下两种：一是承上启下模式，在工业开发区管委会环保管理部门的领导下，为工业开发区危险废物环境管理提供隐患信息报告和环境应急服务，为驻区危险废物产生单位提供危险废物收集、贮存等业务培训、技术指导等工作；二是填平补齐模式，与区域危险废物处置利用企业相互协作，为驻区危险废物产生单位危险废物的收集、贮存提供全方位专业化服务。

21. 国家关于铬渣治理有什么措施?

2005 年，为加强对铬渣的无害化处置，国家发展和改革委员会会同国家环境保护总局编制了《铬渣污染综合整治方案》。

2007 年，国家环境保护总局颁布《铬渣污染治理环境保护技术规范（暂行）》规定了铬渣的识别、堆放、挖掘、包装、运输、贮存环节的污染控制和监督管理，以及铬渣的解毒、综合利用具体措施。

同时，我国危险废物污染防治规划提出截至 2012 年底，全国堆存长达数十年甚至半个世纪的约 670 万吨铬渣基本处置完毕。下一步将研究启动被铬渣污染的场地及其他废弃物的治理工作。

《关于将铬渣产生单位纳入重点污染源强化环境监管的通知》（环办[2012]139 号）提出将铬渣产生单位纳入重点污染源，强化环境监管。

工业和信息化部联合财政部颁布了《铬盐行业清洁生产实施计划》，其中提出 2013 年年底前淘汰落后的有钙焙烧工艺；中央财政资金鼓励铬盐企业实行清洁生产技术改造。

22. 国家关于医疗废物污染防治的目标是什么？

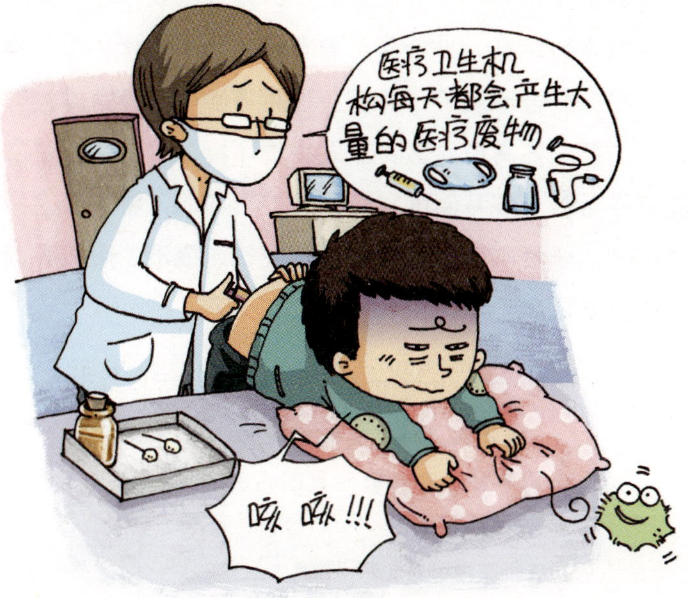

到 2015 年，全国设市城市基本建立较完善的医疗废物收运机制和收费制度，大、中城市医疗废物基本实现无害化处置。推进医疗废物无害化处置，完成市级医疗废物集中处置设施的建设工作；实现各省（区、市）辖区内所有县级市和县（旗）医疗废物统一收集、统一处置。制定疫情期间医疗废物应急处置预案，建立卫生、环保等多部门联动机制，提高疫情期间医疗废物应急处置能力，建立以处置方式为导向的医疗废物分类方法并开展试点示范。

23. 国家关于实验室废物管理有什么措施？

实验室废物具有单次排放量小、排放不规律、处置成本高且监管困难的特点。2005 年，教育部会同环境保护部（原国家环保总局）联合印发了《关于加强高等学校实验室排污管理的通知》，要求各高校要落实专人负责环境保护工作，建立健全实验室排污管理规章制度和环境保护责任制，将实验室污染防治费用纳入学校年度预算；严禁把废气、废液、废渣和废弃化学品等污染物直接向外界排放。

近年来，随着实验室废物回收处置量呈上升趋势，我国将实验室废物作为非工业源危险废物的重点，开展实验室废物分类收集、预处理和集中处置试点工作；建立实验室废物处理相关资金机制；并要求将实验室废物规范化管理纳入实验室计量认证和实验室资质认可。

24. 减少废弃农药包装物危害有什么经济可行的方法？

农药包装物包括塑料瓶、玻璃瓶、塑料袋、铝箔袋等，废弃农药包装物上残留的农药不仅会污染环境，还会给人、畜安全带来危害。如何减少废弃农药包装物的危害呢？《“十二五”危险废物污染防治规划》指出，农药稀释配制时，应对包装物三次刷洗，降低废弃包装物的农药残留。将用完后的农药包装物放在配置农药的桶中用水刷洗，刷洗后的水因含有农药成分，应再一次利用，将其倒进喷雾器里，再喷洒到农作物上。这样，不仅使农药得到了充分利用，还减少了对环境的危害。

25. 我国关于危险废物污染防治有哪些政策法规和标准规范？

我国关于危险废物污染防治的政策法规和标准规范包括以下八个方面：一是国家法规，《固体法》对危险废物污染环境防治进行了特别规定；二是国务院法规，如《医疗废物管理条例》《危险废物经营许可证管理办法》等；三是部门规章，如《危险废物转移联单管理办法》《国家危险废物名录》《医疗废物分类目录》等；四是宏观指导性文件和规划，如《关于进一步加强危险废物和医疗废物监管工作的意见》《“十二五”危险废物污染防治规划》；五是规范性文件，如《“十二五”全国危险废物规范化管理督查考核工作方案》《关于将铬渣产生单位纳入重点污染源强化环境监管的通知》等；六是指南性文件，如《危险废物经营单位编制应急预案指南》《危险废物经营单位审查和许可指南》等；七是国家和行业标准及技术规范，如危险废物填埋、焚烧的污染控制标准，危险废物鉴别标准等；八是导向性技术政策和经济政策，如《危险废物污染防治技术政策》等。

三、电子废物等产品类固体废物污染防治

26. 电子废物不规范处置会导致什么污染？

电子废物中通常含有多种贵金属、贱金属和塑料等可回收利用的材料，规范处理处置可回收大量资源。但电子废物中还含有多种有毒有害物质，如果采取简单的酸洗、焚烧等不规范的方式进行处理，会导致有害成分释放到环境中，其中的有毒有机物和铅、镉、汞等重金属，可能导致中毒，诱发癌症、新生儿畸形等。如：广州贵屿镇的电子废物由于不规范处置，露天焚烧时，产生大量二噁英、多环芳烃等有毒有害气体，污染大气；不正确处理产生的废液、废渣，严重污染土壤和水体，造成了严重后果。此外，如果电子废物进入不规范的二手市场进行维修、拼装，生产的不合格产品还可能危害消费者人身安全。

为了规范电子废物的回收处理活动，国家颁布了《废弃电器电子产品回收处理管理条例》《电子废物污染环境防治管理办法》《关于加强电子废物污染防治工作的意见》《废弃电器电子产品处理污染控制技术规范》等法律法规，建立了电子废

物回收处理的管理体系，规范处置电子废物。

电子废物是一种典型的产品类固体废物，其产生源涵盖工业生产和社会生活的多个方面，我国每年产生废电视、废电冰箱、废洗衣机、废空调、废电脑等各类废弃电器电子产品数千万台。要防治电子废物环境污染和推动资源再生利用，最有效的方法是实行生产者责任延伸制度，促进其规范化回收和处理处置。对于城市办公场所、家庭和个人产生者来说，将电子废物交给规范的回收单位，是承担环境责任、实践环境友好的最佳选择。

27. 废塑料处置不当存在什么污染?

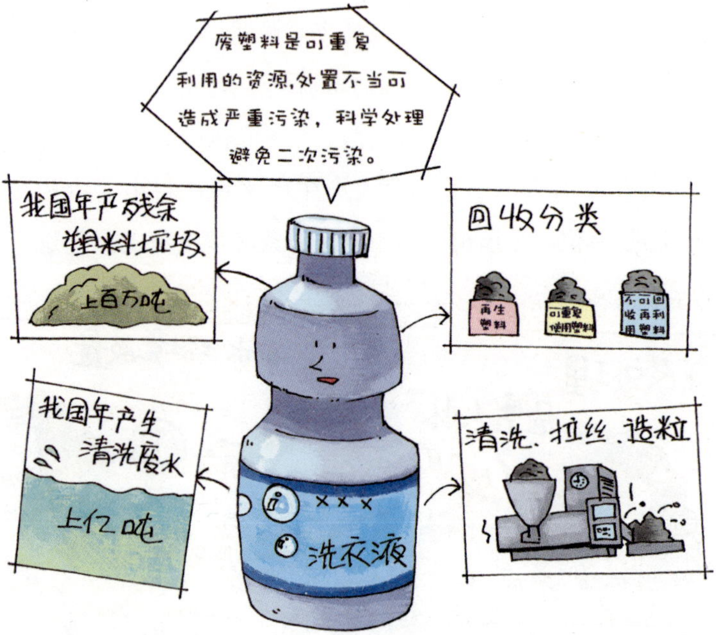

废塑料是可重复利用的资源，将其回收后进行分类、清洗、拉丝、造粒，可加工成塑料再生制品或成品。但是处置不当，会严重污染环境。废塑料回收过程中会产生大量废水、废气和残余塑料垃圾，我国全行业年产生清洗废水上亿吨，残余塑料垃圾上百万吨。

为加强废塑料加工利用行业污染防治，保护公众身体健康，保障环境安全，促进循环经济健康发展，环境保护部、国家发展和改革委员会、商务部联合制定了《2012 年废塑料加工利用行业污染专项整治工作方案》和《废塑料加工利用污染防治管理规定》，督促行业必须符合《废塑料回收与再生利用污染控制技术规范》，规范处置技术，科学管理，避免二次污染，实现无害化处置。

28. 废轮胎处置不当存在什么污染？

轮胎由高分子材料制成，废弃后可用于生产再生胶、裂解炼油等。但处置不当则会造成严重的环境问题，比如废轮胎长期大量堆积，会导致污水积存、蚊虫滋生，并易引发火灾进而严重污染大气和土壤。特别是废轮胎土法炼油，既造成严重环

境污染，又浪费大量废轮胎资源，还威胁国内油品安全。我国年产生的废轮胎约45%用于生产再生胶，约35%土法炼油，4%～6%生产胶粉，5%～8%以原型方式利用（如用于公路两旁的护坡等），5%热裂解处置。废轮胎土法炼油每年排放大量二氧化硫，并且还产生一定量的二噁英；再生胶生产二噁英排放的风险高。废轮胎回收再加工行业无序竞争现象严重，能耗高。

为规范废旧轮胎综合利用行业发展秩序，加强环境保护，提高资源综合利用技术和管理水平，引导行业健康持续发展，工业和信息化部公布了《轮胎翻新行业准入条件》和《废轮胎综合利用行业准入条件》，对于生产企业的设立和布局、生产经营规模、资源回收利用及能耗、工艺与装备、环境保护、防火安全、产品质量和职业教育、安全生产、监督管理等方面做出了相应的规定。

29. 废弃荧光灯管处置不当存在什么污染？

废弃荧光灯管属于危险废物。废弃荧光灯管中含有金属汞，随意处置会危害人类健康。荧光灯废弃后如果未经处理直接进入环境，其中的汞会长期累积在周边的土壤环境和生物体内，并最终通过直接接触或食物链进入人体，造成慢性中毒反应。废弃的荧光灯管破碎后，会立即向周围空气散发汞蒸气，危害身体健康。由于家庭产生的废弃荧光灯管来源分散，难以集中

回收处理，参照某些发达国家的做法，我国对其回收实行豁免制度，即和生活垃圾混合收集处置，但企事业单位产生的废弃荧光灯管仍应按照危险废物进行管理，集中收集，规范处理。

废弃荧光灯管的处置应严格按照《废弃荧光灯回收再利用 技术规范》（GB/T 22908—2008）技术参数要求执行。为逐步降低荧光灯含汞量，减少行业用汞量及生产过程中汞排放，工业和信息化部、科技部、环境保护部联合发布了《中国逐步降低荧光灯含汞量路线图》。路线图提出的预期效果为，到2014年底，通过淘汰液汞工艺，生产过程中汞排放量比2010年减少约50%。到2015年，单只荧光灯产品平均含汞量比2010年减少约80%，一半以上的荧光灯含汞量低于1毫克。为督促荧光灯使用大户将废弃荧光灯交由有资质企业回收处理，鼓励消费者将废弃荧光灯交由指定分类回收点回收，国家重点开展废弃荧光灯分类回收和处理工作。结合“绿色照明工程，建立以旧换新、有偿收购等激励机制”。同时实施生产者延伸责任制，推动有条件的生产企业依托销售网点回收其废弃产品，建设处理设施自行处理或者委托有资质的企业处理。

30. 废电池处置不当会产生污染吗？

电池一般分为一次性电池和充电电池。主要的一次性电池包括锌锰电池、碱锰电池、锌汞电池（含锌及氧化汞）及锂电池等几类。推广无汞碱性电池，对废旧电池分散处理是比较妥善的办法，我国多个品牌的无汞碱锰电池，汞含量极低，可以和生活垃圾混合收集与填埋。

可充电电池按制作材料和工艺上的不同，常见的有铅酸电池、镍镉电池、镍铁电池、镍氢电池、锂离子电池。经拆散、破碎、砸碎后分类收集的铅酸电池、镉镍电池、氧化汞电池被列入《国家危险废物名录》（家庭日常生活中产生的废镍镉电池和氧化汞电池以及电子类危险废物等，可以不按照危险废物进行管理）。废铅酸电池的酸液里含有大量的铅，其不规范处置对环境带来的污染最大，由于部分回收企业规模小、工艺技术落后，污染

治理水平低，导致铅污染事件频发，严重威胁群众健康，影响社会稳定。因此，工业和信息化部、环境保护部、商务部、发展改革委、财政部联合发布了《关于促进铅酸蓄电池和再生铅产业规范发展的意见》，促进铅酸蓄电池和再生铅行业规范有序发展。为规范废铅酸蓄电池收集及处理过程，防止废铅酸蓄电池铅处理过程对环境的污染，保护环境，保障人体健康，制定了《废铅酸蓄电池处理污染控制技术规范》标准，用于废铅酸蓄电池处理过程中的资源再生利用全过程环境污染防治，并指导相应的生产运营及回收利用工作。

31. 产品类固体废物污染有什么特点？

随着我国工业化、城镇化进程加速和人民生活水平不断提高，产品更新换代周期缩短，产品类固体废物数量增长也随之加快。人类生产出多少种产品，就将会产生多少种产品类固体废物。例如废轮胎、废塑料、废电器电子产品产量不断增加。产品类固体废物特别是含有有毒有害物质的产品类固体废物回收利用不当，引发的环境问题日益突出。产品类固体废物种类多，更新快，来源分散，收集困难，应当根据实际情况，选择技术

经济最可行的方式控制其环境风险。

废塑料的“白色污染”，废轮胎的“黑色污染”， “废电池”“电子废弃物”污染，都是产品废弃后对环境的污染问题。这些废物或由于在环境中难以降解，或含有汞、铅等重金属或有毒有害化学物质等，处理处置不当，将对环境造成危害。

32. 产品类固体废物污染如何防治？

防治产品废弃后对环境和人体健康的危害，最重要的是：一要在产品生产中尽量避免甚至禁止使用有毒有害物质，加强产品中化学物质的环境管理，改进生产方式；二要尽量减少废

物的产生，改变生活模式，优先购买绿色产品；三要加强产品废弃后的回收和循环利用，自觉抵制将含有有毒有害物质的废弃物随意丢弃或交售给流动商贩的行为；最后才是产品废弃后的无害化处理处置。彻底解决产品类固体废物的污染问题需要全社会共同努力，推进其规范回收和无害化处理利用。

产品类废弃物的资源化技术应当随产品的发展而发展。比如冰箱，随着无氟冰箱的出现，冰箱处理技术应当考虑不再处理氟利昂。随着液晶显示电视的大量普及，电视处理技术应当考虑液晶的处理问题。

33. 首批《废弃电器电子产品处理目录》包括哪些产品？

废弃电器电子产品种类繁多、材料复杂，资源含量、环境影响以及回收处理难度各不相同。我国废弃电器电子产品回收处理体系尚不健全、产业化还较薄弱，《废弃电器电子产品回收处理管理条例》（以下简称《条例》）实施初期，不宜将所有电器电子产品一次性纳入管理范围。制定目录的原则是选择社会保有量大、废弃量大，污染环境严重、危害人体健康，回收成本高、处理难度大，社会效益显著，需要政策扶持的废弃电器电子产品。

首批《废弃电器电子产品处理目录》（以下简称《目录》）包括：电视机、电冰箱、洗衣机、房间空调器、微型计算机。

列入《目录》的废弃电器电子产品的回收处理及相关活动，适用《条例》。如：将列入《目录》的电子废物，提供或委托有相应处理资格的单位处理。

34. 生产商对废弃电器电子产品回收处理应当承担什么责任？

《废弃电器电子产品回收处理管理条例》规定，电器电子产品生产商等有缴纳废弃电器电子产品处理基金的义务；生产、进口的电器电子产品应采用有利于资源综合利用和无害化处理的设计方案，使用无毒无害或者低毒低害以及便于回收利用的材料；电器电子产品上或者产品说明书中应当提供有关有毒有害物质含量、回收处理提示性说明等信息。

另外，国家鼓励电器电子产品生产者自行或者委托合适机构回收废弃电器电子产品。产品销售者等应当在其营业场所显著位置标注废弃电器电子产品回收处理提示性信息。国家还鼓励处理企业与相关电器电子产品生产者、销售者以及废弃电器电子产品回收经营者等建立长期合作关系，回收处理废弃电器电子产品。

35. 为什么国家鼓励废弃电器电子产品集中处置？

《废弃电器电子产品回收处理管理条例》规定国家对废弃电器电子产品实行集中处理制度。由于不规范的拆解、提取原材料活动，造成废弃电器电子产品严重污染环境、损害人体健康，必须实行集中处理制度，由取得电器电子产品处理资格的企业对废弃电器电子产品进行拆解、提取原材料和按照环保要求进行最终处置，禁止分散处理，实现废弃电器电子产品的规范化处理。

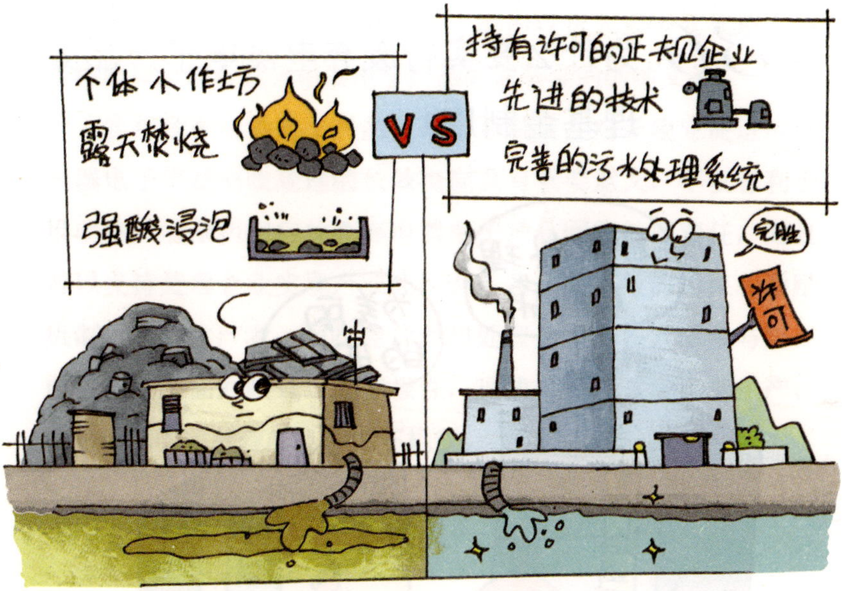

另外，废弃电器电子产品数量有限，如果处理企业设置太多，则是重复建设，都不能实现规模化经营，一些地方的拆解处理废弃电器电子产品的个体手工作坊，采用露天焚烧、强酸浸泡等原始落后方式提取贵金属，随意排放废气、废液、废渣，对大气、土壤和水体造成了严重污染，危害了人类健康，小规模分散处理，难以有效监管，无序利用和环境污染的风险大。所以，国家鼓励废弃电器电子产品集中处置有利于统一管理。

电子产品处理信息管理系统，跟踪记录并实时监控处理企业回收处理废弃电器电子产品情况。第三，由行业协会和企业协助政府部门做好废弃电器电子产品拆解处理种类、数量的审核工作。第四，环境保护部和各省（区、市）环境保护主管部门要分别公开全国和本地区处理企业拆解处理废弃电器电子产品及接受基金补贴情况，接受公众监督。第五，对处理企业弄虚作假骗取基金补贴的，除依照有关法律法规进行处理、处罚外，还要取消给予基金补贴的资格，并向社会公示。

38. 未纳入《废弃电器电子产品处理目录》的电子废物应当如何管理？

《废弃电器电子产品处理目录》（以下简称《目录》）需要不断调整和完善。为科学、客观、有效地制订和调整《目录》，《目录》管理委员会将按照《制订和调整废弃电器电子产品处理目录的若干规定》，组织对《目录》的实施情况进行评估，并对暂未纳入《目录》的电器电子产品按照国务院批准的四条原则进行评估和筛选，根据综合评估结果以及经济社会发展情况，对《目录》进行不定期调整。

另外，未纳入《目录》的电子废物的管理应遵从《电子废物污染环境防治管理办法》，交与环保部门认定的单位进行处理。拆解、利用和处置电子废物，应当符合环境保护部制定的有关电子废物污染防治的相关标准、技术规范和技术政策的要求，如《废弃电器电子产品处理污染控制技术规范》。

39. 我国关于废弃电器电子产品管理有哪些政策法规？

我国关于废弃电器电子产品管理的政策法规有以下几类：

一是国务院法规：如《废弃电器电子产品回收处理管理条例》；二是部门规章：如《电子废物污染环境防治管理办法》《废弃电器电子产品处理资格许可管理办法》《电子信息产品污染控制管理办法》；三是宏观指导性文件：《关于加强电子废物污染防治工作的意见》；四是规范性文件：如《废弃电器电子产品处理目录（第一批）》《废弃电器电子产品处理基金征收使用管理办法》《关于组织开展废弃电器电子产品拆解处理情况审核工作的通知》；五是指南性文件：如《废弃电器电子产品处理发展规划编制指南》《废弃电器电子产品处理企业补贴审核指南》《废弃电器电子产品处理企业建立数据信息管理系统及报送信息指南》《废弃电器电子产品处理企业资格审查和许可指南》等。

40. 近期电子废物污染防治要实现什么目标？

为加大电子废物污染防治工作力度，保护生态环境，保障人民身体健康，环境保护部会同国家发展和改革委员会、工业和信息化部、财政部、商务部、海关总署、国家税务总局、国家工商行政管理总局、国家质量监督检验检疫总局于 2012 年 12 月 31 日印发了《关于加强电子废物污染防治工作的意见》，指出：到 2015 年，建立比较完善的电子废物污染防治体系和长效机制；废弃电器电子产品年规范化回收处理量超过 5000 万台；废弃印刷电路板等电子类危险废物无害化处理量和处理率显著提高；形成一批电子废物规范化处理企业；推广一批电子废物处理先进适用技术及装备；彻底扭转典型电子废物集中处置区域长期污染的局面。

41. 假冒伪劣商品如何实现环境无害化销毁？

根据环境保护部办公厅 2012 年 10 月 11 日印发的《关于做好侵犯知识产权和假冒伪劣商品环境无害化销毁工作的通知》的要求，假冒伪劣商品应实现环境无害化销毁。

对于侵权和假冒伪劣商品，相关执法部门委托所在地环保部门认定单位就近进行销毁。承担销毁任务的单位，应当具备相关环境监测和管理条件，具有环境无害化销毁能力，根据收缴商品的性质，选择合适的无害化销毁方式（如焚烧、填埋、拆解等），加强销毁过程的监测，确保污染物排放符合国家和地方相关环境污染控制标准。环保部门对承担销毁任务单位进行指导和监控。各相关部门在当地政府领导下，落实环境无害化销毁经费。

四、进口固体废物及危险废物出口污染防治

42. 什么是“洋垃圾”？

“洋垃圾”一般是指国家禁止进口的不能用作原料的固体废物，如城市生活垃圾、医疗废物等；广义的“洋垃圾”还包括国家允许进口的可用作原料的固体废物中不符合《进口可用作原料的固体废物环境保护控制标准》要求的部分固体废物。

为了防止“洋垃圾”对我国环境的污染，2011年，环境保护部、商务部、国家发展改革委、海关总署、国家质检总局联合发布了《固体废物进口管理办法》（环境保护部令第12号），对固体废物的进口规范管理。《进口废物管理目录》（2015年）发布了禁止进口固体废物目录，进口“洋垃圾”是违法的。

43. 可用作原料的固体废物是“洋垃圾”吗？

国家许可进口的可用作原料的固体废物不是“洋垃圾”，主要包括废纸、废金属（包括钢铁、铜和铝等金属废碎料）和废塑料等国内俗称的再生资源。《进口废物管理目录》（2015年）及变更部分海关商品编码和海关商品名称的有关公告，发布了限制进口类可用作原料的固体废物目录和自动许可进口类可用作原料的固体废物目录。截至2015年1月1日，限制进口类可用作原料的固体废物目录中包括十大类共计55种固体废物，自动许可进口类可用作原料的固体废物目录中包括两大类共计18种固体废物。

但社会和媒体通常把进口废料在国内加工利用造成的污染也称为“洋垃圾”污染。实际上，此类污染问题主要是由于国内再生资源加工利用过程未满足环境无害化要求造成的。

44. 如何评价进口可用作原料的固体废物的环境、资源和社会效益？

我国经济社会发展对资源和原材料的需求量大，进口废料量逐年增加，补充了国内资源的不足，带动了劳动就业，行业污染防治水平明显提升，间接减少了固体废物排放。

据海关统计，2012年我国进口废料总量较2004年增长了一倍多。2003—2012年，全国进口废料共4.12亿吨，价值2035亿美元；主要是废金属（1.24亿吨，1235亿美元）、废纸（1.87亿吨，365亿美元）和废塑料（0.59亿吨，336亿美元）；三者

合计占进口废料总重量的90%，总金额的95%；进口废料替代了大量原生资源，如据专家测算，仅废纸就相当于进口木材约1.5亿吨。

目前，我国从事进口废料加工利用的企业2600多家，直接从业人员30多万人；并催生了一批龙头企业。如广东东莞玖龙纸业有限公司，年进口废纸450多万吨，从业人员约7000人，管理、技术和环境保护水平均为国内领先。浙江宁波镇海再生金属资源加工园区2005年投产以来累计生产再生金属700多万吨，产生不可利用的固体废物累计约10万多吨，如果开采原矿则要产生6亿多吨的废石和尾矿等并消耗大量能源。

进口可用作原料的固体废物具有明显的环境、资源和社会效益。

45. 为什么发达国家要出口可用作原料的固体废物？

发达国家出口可用作原料的固体废物的原因主要有：

一是发达国家大力发展循环经济，导致废旧物资回收量上升并超过了国内的需求，需输出到国外；二是在发达国家，一些固体废物的国内加工利用成本高，如混合废金属需要人工分选，较高的成本导致发达国家更愿意将这部分固体废物出口到其他国家；三是一些废料（如废塑料）综合利用再生产时，只能降级生产中低档产品，这些产品不能满足发达国家国内的高要求等。

如 2010 年美国废纸回收总量 4676 万吨，出口 1882 万吨（约占 40%）；2011 年日本回收废纸总量 2150 万吨，出口量 440 万吨（约占 20%）。

46. 我国进口固体废物存在的主要问题是什么？

当前，我国进口固体废物存在的主要问题：

一是“洋垃圾”压力始终存在。一些边境地区“洋垃圾”走私现象突出，在进口环节，通过夹藏、伪报、瞒报等方式，进口国家禁止进口的固体废物或不符合国家环境保护控制标准的固体废物时有发生。

二是进口废料二次污染不容忽视。进口废料不是正常生产的商品，不可避免地会夹带一定数量不可利用的杂物，即使符合环境保护控制标准，也会加大当地垃圾处理的压力。另外，进口废料非法倒卖给未经许可的企业或个人加工利用现象屡禁不止，带来严重的环境污染。

三是国内废旧物资与“洋垃圾”往往相互交织造成严重污染。国内不少废旧物资集散地的从业者以拾荒者、个体户为主，加工利用工艺设备简陋，大部分无环保审批手续及污染防治治理设施，小作坊遍地开花并与居民区混杂，污染水、大气、土壤和农田。这些集散地往往也是“洋垃圾”的集散地和藏污纳垢场所。

47. 我国关于进口固体废物管理采取了哪些措施？

一是建立并实施了严格的控制管理制度。1995 年《固体法》颁布实施以来，国家相关部门陆续颁布了《废物进口环境保护管理暂行规定》《进口可用作原料的固体废物环境保护控制标准》《进口可用作原料的固体废物环境保护管理规定》《固体废物进口管理办法》《进口可用作原料的固体废物风险监管指南》和进口废钢铁、废船、废光盘、废 PET 饮料瓶砖、硅废碎料、废塑料等专项环境保护管理规定等部门规章，及《进口固体废这就是发达国家进口危险废物的原因。巴塞尔公约网站的国家报告显示，2009 年加拿大和德国总计进口危险废物分别为 48 万余吨和 217 万余吨。

五、生活垃圾、餐厨垃圾及污泥污染防治

50. 生活垃圾卫生填埋、焚烧、堆肥各有什么利弊？

生活垃圾卫生填埋技术成熟，作业相对简单，对处理对象的要求较低，在不考虑土地成本和后期维护的前提下，建设投

资和运行成本相对较低。但卫生填埋占用土地较多，臭气不容易控制，渗滤液处理难度较高，生活垃圾稳定化周期较长，生活垃圾处理可持续性较差，环境风险影响时间长。卫生填埋场填满封场后需进行长期维护，以及重新选址和占用新的土地。

生活垃圾焚烧处理具有“减量化、资源化、无害化”的优点，而且焚烧设施占地较省，垃圾稳定化迅速，减量效果明显，生活垃圾臭味控制相对容易，焚烧余热可以用于发电或供热。但焚烧处理技术较复杂，对运行操作人员素质和运行监管水平要求较高，建设投资和运行成本较高。

堆肥处理适用于处理可降解有机垃圾，如家庭厨余垃圾、餐厨垃圾、园林垃圾等。生活垃圾经过堆肥处理后，变成卫生的、无味的腐殖质，可用作土壤改良剂或肥料。但堆肥处理过程中易产生臭气、污水和残渣。

51. 应当如何选择生活垃圾处理方式？

国家发展和改革委员会、住房和城乡建设部、环境保护部组织编制的《“十二五”全国城镇生活垃圾无害化处理设施建设规划》中指出：生活垃圾处理技术的选择，应因地制宜，选择安全可靠、先进环保、省地节能、经济适用的处理技术。东部地区、经济发达地区和土地资源短缺、人口基数大的城市，优先采用焚烧处理技术；其他具备条件的地区，可通过区域共建共享等方式采用焚烧处理技术。在具备卫生填埋场地资源和自然条件适宜的地区，可将卫生填埋作为生活垃圾处理的基本方案。生活垃圾管理水平较高的地区可采用生物处理技术。

52. 为什么要提倡控制生活垃圾的水分？

目前我国大部分城市生活垃圾的含水量高达 50% 以上，大量水分的存在不利于垃圾回收和最终处置，如垃圾中的过多水分将增加渗滤液体积，导致垃圾焚烧处理时能源浪费及处理成本增加。在生活中，我们要积极采取措施减少垃圾中的水分。对家庭生活垃圾进行干湿分类，将一般的生活垃圾分为湿垃圾（厨余垃圾、果皮等）和干垃圾（其他垃圾）；针对含水率较高的厨余垃圾和茶水等，倒前应把水控净，并与其他垃圾分别放置且单独投放；尽量不要在雨天倾倒垃圾；对含水较多的果皮可晒干后再扔或进行回收利用，如将橘子皮切成丝晾干作枕芯用；西瓜皮可作食用或美容等。

53. 公众如何在日常生活中参与生活垃圾污染防治？

尽量不要购买过度包装商品，从源头控制生活垃圾的产生量；购买电池时选择无汞电池，避免电池对环境造成的污染；

多使用菜篮子、布袋子或可降解的购物袋和垃圾袋；选择城市燃气、太阳能等清洁能源作为燃料；将生活垃圾中废纸、废塑料、废金属等可回收垃圾单独收集存放，出售给废品回收人员；积极采取措施（详见上题内容）控制生活垃圾中的水分；尽量分开盛放和投放厨余垃圾，垃圾倾倒前滤掉水分；开发垃圾的再利用价值，如将吃完的果皮当做盆栽等家庭绿植的肥料，将咖啡渣用作冰箱除臭剂，用三角台历做成小饰品的收纳盒，用旧报纸作成垃圾袋，用旧雨伞上的布做成提兜等。

54. 生活垃圾无害化处理要达到什么目标？

到 2015 年，北京、上海、天津、重庆四个直辖市、各省会城市及深圳、大连、青岛、宁波和厦门五个计划单列市生活垃圾全部实现无害化处理，设市城市生活垃圾无害化处理率达到 90% 以上，县县具备垃圾无害化处理能力，县城生活垃圾无害化处理率达到 70% 以上。2010 年，全国城镇生活垃圾焚烧处理设施能力为 9 吨 / 日，到 2015 年，将提高到 20 吨 / 日，在无害化处理总能力中所占比例也将由 20% 提高到 35% 以上，其中东部地区达到 48% 以上。到 2015 年，在 50% 的设区城市（除广东省东莞市、中山市，甘肃省嘉峪关市、海南省三亚市、三沙市五个未设区城市以外的其他地级市）初步实现餐厨垃圾分类收运处理，各省（区、市）建成一个以上生活垃圾分类示范城市。

55. 餐厨垃圾存在什么危害？

餐厨垃圾指的是食品加工厂、饭店、宾馆、企事业单位食堂、家庭等生产加工、消费食物过程中形成的残羹剩饭、过期食品、下脚料、废料等废弃物。餐厨垃圾中含有极高的水分和有机物，易发生腐烂变质，会产生使人难以接受的不良感官刺激，如恶臭气味、异常颜色、酸臭味等，从而对环境卫生造成影响。用餐厨垃圾提炼的所谓“地沟油”中含有黄曲霉素、苯等有毒物质，经非法渠道回流到餐桌，带来了严重的食品安全隐患。餐厨垃圾可能含有多种病菌，若未经无害化处理直接喂养畜禽，通过畜禽体内毒素、有害物质的积累会对人体健康带来危害。

56. 国家关于餐厨垃圾有哪些管理措施？

2010年7月，国务院办公厅下发了《关于加强地沟油整治和餐厨废弃物管理的意见》（国办发［2010］36号），对地沟油生产、销售、使用以及餐厨垃圾的规范处理提出了严厉措施。另外，住房和城乡建设部等部门发布的《关于进一步加强城市生活垃圾处理工作意见的通知》提出了有关餐厨垃圾的管理措施。主要包括以下几个方面：

一是规范餐厨废弃物处置。将餐厨废弃物分类放置，做到日产日清；以集体食堂和大中型餐饮单位为监管重点；不得用未经无害化处理的餐厨废弃物喂养畜禽；严禁将餐厨垃圾分离出的油脂用于生产食用油或食品加工。

二是加强餐厨废弃物收运管理。餐厨废弃物收运单位应当具备相应资格并获得相关许可或备案，并对餐厨垃圾进行单独收集，密闭运输。

三是建立餐厨废弃物管理台账制度。餐厨废弃物产生、收运、处置单位要建立台账，详细记录餐厨废弃物的种类、数量、去向、用途等情况，定期向监管部门报告。

四是明确分工、落实部门监管责任。强化食品生产经营单位的主体责任，建立市（县）长负责制。商务部门负责餐饮业行业管理；质检部门对食品生产加工环节的监管；工商部门对流通环节经营食用油进行监督；食品药品监管部门监督餐饮服务单位建立并执行食品原料采购查验和索证索票制度；卫生部门会同有关部门加强对食用油的风险监测，完善相关检测方法。

57. 餐厨垃圾处理要达到什么目标？

到 2015 年，全国城市生活垃圾无害化处理率达到 80% 以上，直辖市、省会城市和计划单列市生活垃圾全部实现无害化处理；

各省（区、市）建成一个以上生活垃圾分类示范城市，并在示范的基础上逐步推广；50% 的设区城市初步实现餐厨垃圾分类收运处理；推动设区城市餐厨垃圾的分类收运和处理，处理能力达到 3 万吨 / 日。

自 2011 年 7 月至 2013 年，国家发展改革委、财政部、住房和城乡建设部会同环境保护部、农业部确定了两批共 49 个餐厨废弃物资源化利用与无害化处理试点城市。

58. 城镇污水处理厂污泥存在什么污染？

城镇污水处理厂处理污水时会产生大量的污泥。近年来，随着污水处理能力不断提高，我国城镇污水处理厂污泥产生量也显著增加。据不完全统计，2011 年，全国城镇污水处理厂共有 3100 多座，产生污泥量多达 2400 多万吨。但多数污泥未得到有效处置，无害化处理处置率仅为 30% 左右。污泥中富集了污水中大量的污染物，如含有大量的氮、磷以及有机物、病毒微生物、寄生虫卵、重金属等有毒有害物质，同时具有含水率高、体积大、易腐败、产生恶臭、密度较小、颗粒较细等特点，若不及时有效处理处置，很容易造成二次污染。例如污泥中的有害物质会随着雨水流入江河湖海，污染地表水；随着雨水渗漏污染地下水；臭味会污染大气；此外对生态景观也产生很大的影响。

59. 如何防治城镇污水处理厂污泥污染？

防治城镇污水处理厂污泥污染，首先要加大资金投入，推进污泥处理设施建设。其次完善污水处理收费政策，将污泥处理成本纳入污水处理成本并纳入缴费范围。最后加强行业监管和环境监管。推行污泥产生、运输、贮存、处理、处置全过程规范化管理，坚决打击非法倾倒和违法处置污泥行为。

另外，为了加强城镇污水处理厂污泥污染防治工作，各省也结合自己的特点制定了相关措施，如江苏省制定了《江苏省加强城镇污水处理厂污泥污染防治工作实施方案》。

60.“十二五”污泥无害化处理处置要达到什么目标？

国家发展和改革委员会、住房和城乡建设部、环境保护部编制的《“十二五”全国城镇污水处理及再生利用设施建设规划》提出：到2015年，直辖市、省会城市和计划单列市的污泥无害化处理处置率达到80%，其他设市城市达到70%，县城及重点镇达到30%。

六、大宗工业固体废物及灾后固体废物污染防治

61. 大宗工业固体废物有哪些?

《大宗工业固体废物综合利用“十二五”规划》（工信部规 [2011]600 号）提出大宗工业固体废物是我国各工业领域在生产活动中年产生量在 1 000 万吨以上、对环境和安全影响较大的固体废物，主要包括：尾矿、煤矸石、粉煤灰、冶炼渣、工业副产石膏、赤泥和电石渣。

62. 大宗工业固体废物污染有什么特点？

大宗工业固体废物污染有产生量大、堆存量大、环境污染和安全隐患大等特点。大宗工业固体废物中含有铜、铅、锌、铬、镉、砷、汞等重金属，在堆存过程中，其产生的渗滤液在未处理或处理不当的情况下流入附近河流或渗入地下，将严重污染水源和土壤。干涸后的尾砂、粉煤灰等遇大风形成扬尘，煤矸石自燃产生的二氧化硫会形成酸雨，对环境造成危害。

63. 大宗工业固体废物污染如何防治？

我国产生的大宗工业固体废物，综合利用量有限，多数是筑坝露天堆存。目前我国累计堆存的大宗工业固体废物达数十亿吨。大量堆存的尾矿具有重大的安全和环境隐患。因此，应高度重视尾矿库环境风险突出的问题，积极开展防范和监管工作。

全面开展安全和环境隐患治理工作，首先要调查尾矿库的分布情况和主要污染物，关闭非法及污染严重的尾矿库。其次加快实施安全监管总局出台的《尾矿库隐患综合治理方案》。加大对重点水域及人口稠密的环境敏感区内以及堆存有毒有害废渣的危库和险库的治理，消除安全隐患。再次以企业为主体建立起监督监测和应急救援体系。最后确保尾矿库的质量，提高我国尾矿库设计、运行、环境保护和事故应急反应的水平。

64. 灾后固体废物污染有什么特点？

地震等自然灾害短期内会产生大量废物以及建筑垃圾。包括传染性废物：如禽畜尸体、医疗废物；危险废物：如杀虫剂、除草剂、油漆；一般工业固体废物：如砖瓦、玻璃和生活垃圾。这些废物数量巨大、种类多、性质复杂，污染灾区的途径多、污染形式复杂，既有及时性污染又有潜伏性和长期性的污染。若这些大量的灾区固体废物不能及时清运和处置，就会成为地表水、地下水、空气的主要污染源，存在极大的次生环境灾害隐患，对环境和人体健康形成严重威胁。

65. 临时应急处置灾后固体废物应当注意什么？

灾害发生后，短期内会产生大量的废墟及废物，对环境和人体健康造成严重威胁。为指导灾区以经济、环保的方式依法、有序、快速清理废墟和管理废物，环保部特制定了《灾后废墟清理及废物管理指南（试行）》。临时应急处置灾后废物要及时处理易腐、传染性废物，如医疗垃圾、危险工业垃圾等，在没有废物填埋场或焚烧场时可以选择就近进行焚烧热处理、填埋和贮存等应急措施。对于焚烧处理，尽可能使用现有工业炉窑进行，尽量避免露天焚烧，如果需应急进行露天焚烧的，应选择在天气状况比较好的情况下进行，并尽量采用集中焚烧形式，控制露天焚烧的废物类别。焚烧点要远离饮用水水源地，注意防止发生火灾。需要进行临时填埋的，尽量远离环境敏感区（如水源地），禁止填埋工业危险废物、液态废物，尽量进行分类填埋，并采取一定的防渗措施，对填埋边界进行标记，并要考虑后期的清理方案。对于需要临时贮存的废物，要设置警戒线，应远离住宅和临时避难场所，特别是饮用水水源地。贮存量大的要因地制宜采取修建围堰、导洪设施、表面遮盖设施等措施，各类废物要分类贮存。应急及临时贮存、填埋和焚烧废物，应有专人管理，处理设施要设置专门标志。

七、被污染场地的污染防治

66. 什么是被污染场地？

污染场地是因堆积、储存、处理、处置或其他方式（如迁移）承载了有害物质的，对人体健康和环节产生危害或具有潜在风险的空间区域。通常是工矿企业、化工厂、农药厂等高污染企业搬迁后遗留的场地。

67. 关于被污染场地与耕地污染的治理修复要求有什么区别?

被污染场地与耕地污染的治理修复要求是不一样的。前者是采用一定的方法，使其污染物含量或浓度降低到可接受水平，满足相应土地利用类型（如居住用地、展会用地等）的环保要求，重在保障人居环境安全；后者是要满足农业用地土壤的环境质量要求，重在保障农产品质量安全。前者的治理修复，一般只要求去除污染物；后者的治理修复工作，不仅要求去除污染物，还要求对土壤的生态结构不造成破坏，保持农业意义上的土壤，以适合于耕种。

68. 关于被污染场地与耕地污染的环境风险评估有什么区别?

两者在管理对象标准、评估方法和技术体系等方面都存在差异。被污染场地作为住宅、商业用地等用途，是通过呼吸、皮肤接触等直接暴露途径对人体产生影响；污染的耕地作为农业用地，是由产出的农作物通过食物链对人体健康产生影响，两者对人体健康影响的评估方法和体系都不同。而且不同种类的农作物对不同污染物的反应不同，差异巨大，如果通过风险评估的方法来判断土壤是否被污染，则管理成本极高，因此农业用地通常不用风险评估方法，而以土壤质量标准甚至农产品是否达标等来判断是否被污染。

69. 环境影响评价与被污染场地环境风险评估有什么区别？

两者的差别很大。

一是实施责任主体不同。环境影响评价是由建设单位来组织编制，而被污染场地环境风险评估是由造成场地污染的单位和个人来承担环境风险评估的责任。

二是实施对象不同。环境影响评价是对规划和建设项目实施后可能对周边环境造成的环境影响进行分析、预测和评估，提出对策和措施并进行跟踪监测。而场地环境风险评估是识别和评估场地环境污染的过程，即对场地上过去和现在的各类活动，特别是可能造成污染的活动进行调查，并分析和评价场地环境状况及环境风险。类似于工程地质调查，是指该地块上是否适合建设项目。通过场地现存的污染状况调查，评估在未来土地利用时该污染对周边人群的健康风险。

三是实施时间不同。环境影响评价通常是在土地完成流转、项目立项后再行实施；而场地环境风险评估通常应该在土地流转前进行。这样便于明确责任主体，如果在土地流转后再对造成场地污染的单位和个人进行追溯，难度极大且不具备可操作性。

70. 被污染场地一定要经过治理修复方可再开发利用吗？

《国务院关于加强环境保护重点工作的意见》（国发[2011]35 号）提出的“被污染场地再次进行开发利用的，应进行环境评估和无害化治理”。2012 年，环保部发布《关于保障工业企业场地再开发利用环境安全的通知》（环发［2012］140 号）也要求组织开展场地环境调查和风险评估，明确提出被污染场地治理修复完成，经监测达到环保要求后，该场地方可投入使用。被污染场地未经治理修复的，禁止再次进行开发利用，禁止开工建设与治理修复无关的任何项目。

污染场地中的污染物被消除，或阻断污染物对受体的暴露途径后，可将场地对暴露人群的健康风险控制在可接受水平以内，从而恢复场地使用功能，保证场地二次开发利用的安全性，污染场地即可以再利用。在用地审批方面，应当充分考虑被污染场地的环境风险，合理规划土地用途。

71. 被污染场地环境风险控制方法有哪些？

被污染场地的环境风险防控可以通过管理程序和场地风险防控措施来实现。可通过实际的修复措施切断“污染源—途径—受体”链，消除污染场地产生的潜在风险，或将潜在风险降低到可接受水平。达到控制潜在风险的目的，主要方法有：

一是针对污染源的处理技术，主要通过物理、化学、生物等修复过程，降低污染物在土壤或地下水等介质中的含量，或降低污染物的毒性、有效性、迁移能力等，以控制污染物风险水平在可接受范围以内。

二是针对暴露途径的场地工程控制技术，通过建立防护屏障来实现对污染源、暴露点的控制和管理，降低或缩小污染物迁移的潜在性，限制或切断污染物暴露途径，以达到降低或消除污染场地的环境风险、保护受体及其生存环境的目的。

三是针对受体的制度控制措施，通过行政或者法律规定，对被污染场地的使用采取一定的限制措施，避免受体和污染物之间的接触，从而显著降低污染场地对人体健康的影响。具体方法如制定规划政策、控制未来土地利用功能、保持必要的场地缓冲区等。

72. 国家关于被污染场地环境管理有什么政策？

目前，我国被污染场地的环境管理工作尚处于初步阶段。但国家高度重视这份工作，于 2012 年，由环保部、工业和信息化部、国土资源部、住房和城乡建设部联合下发《关于保障工业企业场地开发利用环境安全的通知》（环发 [2012]140 号），指出将建立部门联合监管机制，对污染场地再开发利用涉及企业搬迁、土地规划、土地流转等环节，环境管理实行多部门联合监管，保障工业企业场地再开发利用的环境安全，维护人民群众的切身利益。

2013年，国务院办公厅印发《近期土壤环境保护和综合治理工作安排的通知》（国办发［2013］7号），提出到2015年，全面提升土壤环境综合监管能力，初步控制被污染土地开发利用的环境风险，有序推进典型地区土壤污染治理与修复试点示范，逐步建立土壤环境保护政策、法规和标准体系。力争到2020年，建成国家土壤环境保护体系，使全国土壤环境质量得到明显改善。

接下来，国家相关部门将细化落实两个“通知”，并陆续出台一系列被污染场地环境保护标准和技术文件，进一步加强被污染场地的环境管理工作。

附录：固体废物污染防治相关政策法规目录

第一部分　国务院制定的法规

《城市市容和环境卫生管理条例》（国务院令第 101 号）

《医疗废物管理条例》（国务院令第 380 号）

《危险废物经营许可证管理办法》（国务院令第 408 号）

《废弃电器电子产品回收处理管理条例》（国务院令第 551 号）

《放射性废物安全管理条例》（国务院令第 612 号）

第二部分　国务院部门单独或共同制定的部门规章

《危险废物转移联单管理办法》（环保总局令第 5 号）

《电子废物污染环境防治管理办法》（环保总局令第 40 号）

《危险废物出口核准管理办法》（环保总局令第 47 号）

《国家危险废物名录》（环境保护部令第 1 号）

《固体废物进口管理办法》（环境保护部、商务部、国家发展改革委、海关总署、质检总局令第 12 号）

《废弃电器电子产品处理资格许可管理办法》（环境保护部令第 13 号）

《医疗废物分类目录》（卫医发〔2003〕287 号）

《关于发布〈禁止进口固体废物目录〉、〈限制进口类可用作原料的固体废物目录〉和〈自动许可进口类可用作原料的固体废物目录〉的公告》（国家环境保护总局、商务部、国家发展和改革委员会、海关总署、国家质量监督检验检疫总局　公告 2008 年第 11 号）

《废弃电器电子产品处理目录（第一批）》和《制订和调整废弃电器电子产品处理目录的若干规定》（国家发展改革委公告 2010 年第 24 号）

《医疗卫生机构医疗废物管理办法》（卫生部令第 36 号）

《医疗废物管理行政处罚办法》（环保总局令第 21 号）

第三部分　国务院有关部门宏观指导性意见和规划

环境保护部、国家发展改革委、工业和信息化部、财政部、商务部、海关总署、国家税务总局、国家工商总局、国家质检总局《关于加强电子废物污染防治工作的意见》（环发［2012］157 号）

环境保护部、卫生部《关于进一步加强危险废物和医疗废物监管工作的意见》（环发［2011］19 号）

《“十二五”危险废物污染防治规划》（环境保护部、国家发展改革委、工业和信息化部、卫生部，环发［2012］123 号）

环境保护部、工业和信息化部、国土资源部、住房和城乡建设部《关于保障工业企业场地再开发利用环境安全的通知》(环发［2012］140号)

第四部分 国务院部门制定的规范性文件

《进口废钢铁环境保护管理规定（试行）》（环境保护部公告2009年第66号）

《进口废船环境保护管理规定（试行）》、《进口废光盘破碎料环境保护管理规定（试行）》和《进口废PET饮料瓶砖环境保护管理规定（试行）》（环境保护部公告2010年第69号）

《进口可用作原料的固体废物环境保护管理规定》和《进口硅废碎料环境保护管理规定》（环境保护部公告2011年第23号）

《进口废塑料环境保护管理规定》（环境保护部公告2013年第3号）

《废弃电器电子产品处理基金征收使用管理办法》（财政部、环境保护部、国家发展改革委、工业和信息化部、海关总署、国家税务总局，财综［2012］34号）

《废塑料加工利用污染防治管理规定》（环境保护部、国家发展改革委、商务部公告2012年第55号）

《环境保护部、海关总署、质检总局关于加强固体废物进口管理和执法信息共享的通知》（环办［2011］141号）

环境保护部办公厅等13部门《关于做好侵犯知识产权和假

冒伪劣商品环境无害化销毁工作的通知》（环办［2012］126 号）

《关于将铬渣产生单位纳入重点污染源强化环境监管的通知》（环办［2012］139 号）

《关于组织开展废弃电器电子产品拆解处理情况审核工作的通知》（环发［2012］110 号）

《危险废物规范化管理指标体系》（环办［2011］48 号）

第五部分　国家和行业标准及技术规范

《生活垃圾焚烧污染控制标准》（GB 18485—2014）

《生活垃圾填埋场污染控制标准》（GB 16889—2008）

《生活垃圾卫生填埋技术规范》（GB 50869—2013）

《危险废物贮存污染控制标准》（GB 18597—2001）

《危险废物焚烧污染控制标准》（GB 18484—2001）

《危险废物填埋污染控制标准》（GB 18598—2001）

《含多氯联苯废物污染控制标准》（GB 13015—2017）

《医疗废物转运车技术要求》（GB 19217—2009）

《医疗废物焚烧炉技术要求（试行）》（GB 19218—2003）

《危险废物鉴别标准　腐蚀性鉴别》（GB 5085.1—2007）

《危险废物鉴别标准　急性毒性初筛》（GB 5085.2—2007）

《危险废物鉴别标准　浸出毒性鉴别》（GB 5085.3—2007）

《危险废物鉴别标准　易燃性鉴别》（GB 5085.4—2007）

《危险废物鉴别标准　反应性鉴别》（GB 5085.5—2007）

《危险废物鉴别标准　毒性物质含量鉴别》（GB 5085.6—